W0184518

Herbert Januschkowetz

Vogelhäuschen

Anleitungen und Pläne

ENGLISCH VERLAG

Die Deutsche Bibliothek – CIP-Einheitsaufnahme
Vogelhäuschen: Anleitungen und Pläne/Herbert Januschkowetz. –
Wiesbaden: Englisch 2000
ISBN 3-8241-0747-3

© by Englisch Verlag GmbH, Wiesbaden 2000
ISBN 3-8241-0747-3
Alle Rechte vorbehalten. Nachdruck, auch auszugsweise, verboten.
Fotos: Frank Schuppelius
Printed in Spain

Das Werk und seine Vorlagen sind urheberrechtlich geschützt, jede Verwertung oder gewerbliche Nutzung der Vorlagen und Abbildungen ist verboten und nur mit ausdrücklicher Genehmigung des Verlages gestattet. Dies gilt insbesondere für die Nutzung, Vervielfältigung und Speicherung in elektronischen Systemen und auf CDs. Es ist deshalb nicht erlaubt, Abbildungen und Bildvorlagen dieses Buches zu scannen, in elektronischen Systemen oder auf CDs zu speichern oder innerhalb dieser zu manipulieren.

Die Ratschläge in diesem Buch sind von dem Autor und dem Verlag sorgfältig erwogen und geprüft, dennoch kann eine Garantie nicht übernommen werden. Eine Haftung des Autors bzw. des Verlages und seiner Beauftragten für Personen-, Sach- und Vermögensschäden ist ausgeschlossen.

Inhaltsverzeichnis

Vorwort 5

Material und Werkzeug 6

Tipps und Tricks 7

Hinweise zur Fütterung 7

Futterarten 8

Futterhäuser für Körnerfutter 9

Halboffenes Futterhaus 9

Offenes Futterhaus 11

Fensterfutterhaus 13

Futtersilo mit abnehmbarem Dach 16

Futtersilo mit klappbarem Dach 19

Futterhäuser für Fettfuttergemisch 21

Meisenglocke 21

Futtergiebel 23

Futterstamm 25

Futterdach 27

Futterrohr 29

Vorwort

Mit diesem Buch möchte ich Sie zum Bau von Futterhäusern, auch Vogelhäuschen genannt, anregen.

Wenn im Herbst die Insekten und Käfer spärlicher werden, zieht ein großer Teil unserer Singvögel aus Nahrungsmangel in wärmere Länder, die meisten nach Afrika, einige sogar bis nach Südamerika.

Aber einige Vogelarten, z.B. Meisen, Kleiber, Rotkehlchen und Zaunkönig, bleiben im Winter bei uns.

Die Winterfütterung der Vögel ist ein Ausgleich für das stark eingeschränkte Nahrungsangebot durch Monokultivierung und Industrialisierung. Das ist besonders im Umfeld der Städte der Fall. Die Fütterung verhindert, besonders in strengen Wintern, hohe Verluste unter den Vögeln.

Auch fördert sie die Beziehung der Menschen zur Natur. Bei Kindern wird das Verantwortungsbewusstsein gegenüber der einheimischen Tierwelt gefördert.

Besonders bei Stadtbewohnern ist dies oft die einzige Möglichkeit, mit wild lebenden Tieren in Kontakt zu treten, sie aus nächster Nähe zu beobachten und kennen zu lernen.

Das vorliegende Buch zeigt 10 verschiedene Möglichkeiten zum Bau von wettersicheren Futterhäuschen und Futterstellen. Sie können, je nachdem in welchem Umfeld Sie leben, verschiedene Arten von Futterstellen aufstellen. Ob Sie Fettfuttergemische oder Körnermischungen anbieten wollen, es ist für jede Futterart etwas dabei.

Das Bauen der Häuschen macht, bei wenig Werkzeugaufwand, ganz großen Spaß. Versuchen Sie es einmal!
Viel Freude dabei wünscht

Herbert Januschkowetz

Material und Werkzeug

Holz

Die vorgestellten Futterhäuser sind alle aus 12 bzw. 8 mm dickem, wetterfesten Schichtholz angefertigt. Es lässt sich gut bearbeiten und ist leicht zu bekommen. Alle Futterhäuschen können aber auch aus Vollholz gebaut werden.

Ferner werden Fichtenvierkant- und Buchenrundholzstäbe verwendet.

Teerpappe

Um die Futtergeräte wetterfest zu machen, brauchen Sie Teer- oder Dachpappe.

Nägel, Schrauben, Scharniere

Die Scharniere oder das Klavierband sollten wie die Nägel und Ringschrauben verzinkt sein. Die Nägel sollten für die vorliegende Materialstärke etwa 1,5 mm Durchmesser und ca. 20-25 mm Länge haben.

Dekoration

Damit die Futterhäuschen sich besser in ihre Umgebung einpassen, können Sie die Dächer mit Tannenzweigen oder Rinde decken oder die Dachpappe ziegelförmig anordnen. Lassen Sie Ihrer Phantasie freien Lauf!

Werkzeug

Zum Bau der Vogelhäuschen benötigen Sie folgendes Werkzeug:

- Stichsäge mit Normal- und Kurvensägeblättern
- Hammer
- Bohrmaschine
- Tacker zum Befestigen der Dachpappe
- Anschlagwinkel aus Holz oder Stahl mit einer Länge von mind. 30 cm
- Zollstock, Bleistift
- ca. 60 cm lange, gerade Leiste zum Anzeichnen der Teile
- Schmirgelpapier (80er Körnung) zum Schleifen der Kanten
- Holz- oder Stahlbohrer mit entsprechendem Durchmesser
- Gehrungssäge zum Anschrägen der Vierkantleisten
- Heißklebepistole zum Befestigen von Rinde oder Tannenzweigen

Das gesamte Material und Werkzeug erhalten Sie in jedem guten Baumarkt.

Tipps und Tricks

- Vor dem Vernageln der Teile bestreichen Sie alle Flächen mit Holzleim. Der Leim gibt zusätzliche Stabilität.
- Die Teerpappe auf den Dächern befestigen Sie mit kurzen Nägeln mit großem Kopf oder mit einem Tacker.
- Zum Übertragen der Formteile, die Sie im Maßstab 1:1 auf dem Vorlagebogen finden, machen Sie sich vom gewünschten Teil eine Kopie. Diese kleben Sie auf einen etwas stärkeren Karton und schneiden die Form aus. Oder Sie drücken mit einem Kugelschreiber das Teil auf den Karton durch und schneiden es dann entlang der eingedrückten Linie aus. Jetzt können Sie mit dieser Schablone beliebig viele, vor allen Dingen gleichgroße, Teile anzeichnen und ausschneiden. Auch können Sie den Maserungsverlauf des Holzes bestimmen.

Hinweise zur Fütterung

Jahreszeit

Sie sollten grundsätzlich nur in den Wintermonaten von Anfang November bis Mitte März und nur bei strengem Frost, d.h. nur bei Tagestemperaturen von –5°C und weniger füttern. Bei Schnee, Raureif und Glatteis, wenn die Vögel in ihrer Nahrungssuche stark eingeschränkt sind, sollten Sie ebenfalls Futter anbieten. Ein überreiches Futterangebot, besonders bei milden Wetterlagen, bewirkt, dass die Vögel nicht mehr selbst nach Futter suchen und der natürliche Ausleseprozess stark abgemildert wird. Es ist günstig, wenn Sie die Vögel schon im Spätherbst durch kleine Futtergaben an die Futterstellen gewöhnen.

Sehr schlecht ist es, wenn Sie die Fütterung bis in die warmen Monate ausdehnen oder gar das ganze Jahr durch füttern. Aus Bequemlichkeit füttern die Altvögel dann auch den Nachwuchs mit diesem Futter. Die Jungen benötigen aber unbedingt tierisches Eiweiß, das in Larven, Insekten, Würmern und Spinnen enthalten ist.

Tageszeit

Füttern Sie nach Möglichkeit am frühen Morgen und ca. 2 Stunden vor Einbruch der Dunkelheit. Vor der Winternacht können sich die Vögel dann noch einmal satt fressen. Am Morgen können sie ihren nächtlichen Energieverlust schnell wieder ausgleichen.

Wichtig

- Bei mangelnder Hygiene an den Futterstellen, d.h. wenn diese nicht gereinigt werden, kann es zum Ausbruch von Seuchen kommen. Es sterben daran dann häufig mehr Vögel als an Hunger und Kälte.
- Füttern Sie bitte keine salzhaltigen Nahrungsmittel wie Wurst, Schinken, Käse und Speckreste oder gekochte Kartoffeln. Die Aufnahme dieser Nahrung macht die Vögel durstig. Die Aufnahme von Margarine und Butter führt unter Umständen zu Darmentzündungen. Brot- und Kuchenkrümel nehmen schnell Feuchtigkeit auf und dann bilden sich Bakterien.
- Füttern können Sie Äpfel und Birnen. Schneiden Sie diese aber nicht in kleine Stücke, sondern lassen Sie sie ganz. Die Vögel picken dann nur winzige Stückchen heraus. Wenn die Früchte kleingeschnitten sind, sind sie auch gefroren, und dann schlucken sie die Vögel meist ganz. Diese Eisstückchen liegen den Tieren im Magen und verursachen gefährliche Entzündungen des Verdauungstraktes.

Futterarten

An den Futterplätzen unterscheidet man drei Arten von Vögeln: die Körnerfresser, die Weichfresser und die Gemischtfresser. Körnerfresser sind Finken-, Zeisig- und Sperlingsarten, der Stieglitz und der Dompfaff, auch Gimpel genannt.
Weichfresser sind Drosselarten, Zaunkönig, Rotkehlchen, Star und Amsel.
Gemischtfresser sind alle Meisen- und Spechtarten sowie der Kleiber.
Deshalb müssen Sie, je nach Vorkommen der Vogelarten in Ihrer Umgebung, verschiedene Futterarten in verschiedenen Futtergeräten anbieten.
Körnerfuttergemisch ist im Handel erhältlich. Es enthält in der Regel 2/3 Sonnenblumenkerne und 1/3 Hanfkörner. Wegen ihres hohen Ölgehaltes wird es von den Körnerfressern gerne angenommen. Sie können dem Futtergemisch auch noch Nüsse, Getreidekörner, Melonen- und Pinienkerne zufügen. Wenn Sie Wal-, Hasel- oder Paranüsse dazugeben, müssen diese zerkleinert werden.
Es werden auch Waldfuttergemische im Handel angeboten. Sie enthalten in der Regel Sämereien in verschiedenen Mischungen.
Fettfuttergemische sind ebenfalls im Handel erhältlich, aber relativ teuer. Hier müssen Sie besonders darauf achten, dass die Ware nicht überlagert ist. Ein ranziger Talg ist für die Vögel unbekömmlich. Sie können Fettfuttergemische auch selbst herstellen. Fettfutter eignet sich besonders für Meisen, Spechte und den Kleiber.

Rezept für Fettfuttergemische

Gemischtfresser
In der Metzgerei kaufen Sie Rinder- oder Hammeltalg. Lassen Sie ihn gleich durch den Fleischwolf drehen. Bringen Sie den Talg, z.B. 1 Pfund, in einem Topf zum Schmelzen. Langsam heizen. Danach geben Sie die doppelte Menge Körner und Sämereien dazu. Auch Haferflocken und Rosinen werden gerne angenommen. Wenn besonders tiefe Temperaturen zu erwarten sind, geben Sie noch 2-3 Esslöffel Speiseöl dazu. Dies verhindert, dass der Talg zu hart wird. Den noch warmen Futterbrei füllen Sie dann in die Futtergeräte, hier z.B. in die Meisenglocke, den Futtergiebel oder in den Futterstamm. Für das Futterrohr formen Sie Knödel in entsprechender Größe und füllen das Rohr damit auf.

Weichfresser
Für Weichfresser sollte das Fettfuttergemisch aus Rindertalg und Weizenkleie bestehen. Die Herstellung ist wie beim Fettfuttergemisch für Gemischtfresser. Das Mischungsverhältnis von Rindertalg und Weizenkleie ist in diesem Fall 1:1. Auch zerquetschte Sonnenblumenkerne, Hanfkörner und Haferflocken werden gerne angenommen. Bei strenger Kälte muss auch hier Speiseöl beigegeben werden.

Futterhäuser für Körnerfutter

1. Halboffenes Futterhaus

Dieses Futterhaus ermöglicht es Ihnen, die Vögel auf besonders bequeme Weise aus nächster Nähe zu beobachten.
Allerdings muss die Futterstelle jeden Tag gereinigt werden. Wenn die Vögel das Futter mit ihrem Kot beschmutzen, besteht Seuchengefahr durch Salmonellen.
Legen Sie deshalb unter das Futter ein Stück Zeitungspapier. Die Zeitung können Sie samt dem verschmutzten Futter jeden Tag leicht entfernen.

Material
- Holz (12 mm): 160 x 500 mm
- Holz (8 mm): 105 x 600 mm
- Vierkantleiste (10 x 10 mm): 350 mm lang
- Rundholz (Ø 8 mm): 1100 mm lang
- Nägel
- Dachpappe

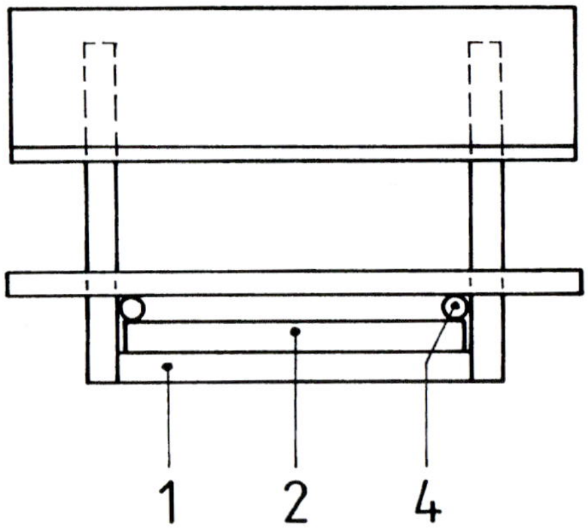

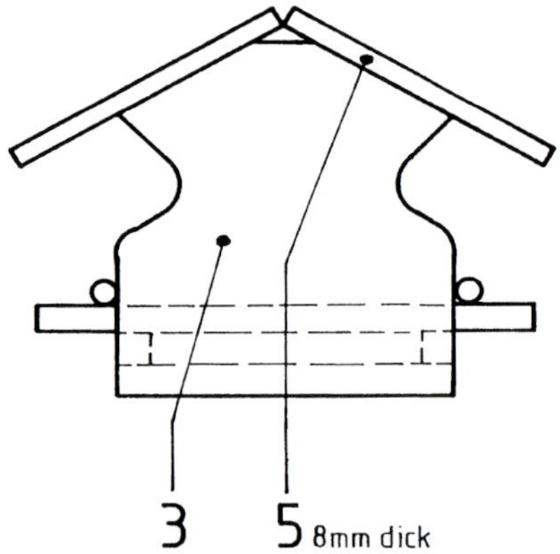

Anleitung

Übertragen Sie vom Vorlagebogen das Teil 3 auf ein Stück Karton und dann zweimal auf das Holz. Nageln Sie die Teile 3 seitlich am Boden (1) fest. Dazwischen passen Sie die Leisten (2) ein. Die Absitzstangen (4) nageln Sie einmal auf die Leisten (2) und einmal an den Seitenwänden (3) fest. Wenn Sie Buchenrundholzstäbe verwenden, bohren Sie die Löcher für die Nägel vor. Die Rundstäbe könnten sonst beim Nageln auseinander splittern.

Bringen Sie nun das Dach (5) an. Hier können Sie ein etwas dünneres Material verwenden. Belegen Sie das Dach mit Teerpappe, damit es wetterfest wird.

Wenn Sie möchten, können Sie darüber Tannenzweige kleben.

2. Offenes Futterhaus

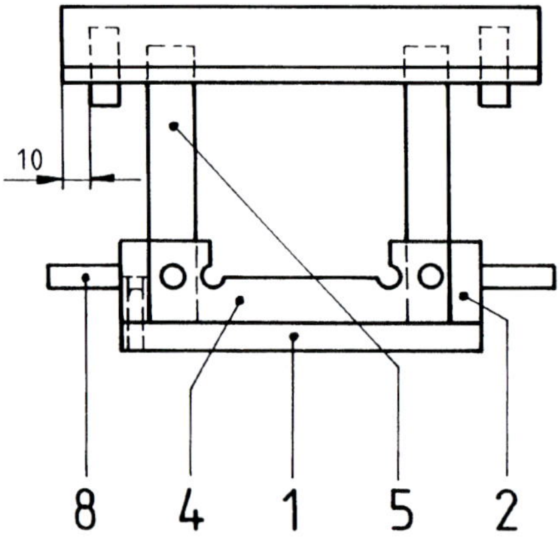

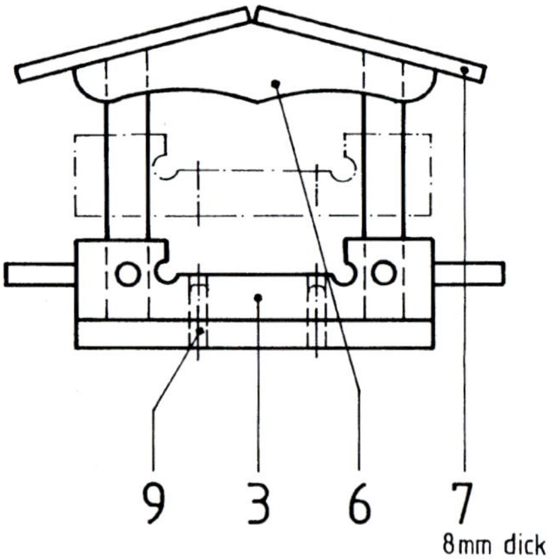

Auch diese Futterstelle muss jeden Tag gereinigt werden. Wenn die Vögel mit ihrem Kot das Futter beschmutzen, besteht Seuchengefahr durch Salmonellen. Legen Sie deshalb in das Futterhaus ein Stück Zeitungspapier, auf das Sie dann das Futter streuen. Die Zeitung mit dem verschmutzten Futter können Sie bequem entfernen, denn die Reinigungsleiste (3) ist abnehmbar. Heben Sie die Leiste einfach an. Nach erfolgter Reinigung stecken Sie die Leiste (3) wieder auf die Bolzen (9).

Material

- Holz (12 mm): 230 x 500 mm
- Holz (8 mm): 145 x 550 mm
- Vierkantleiste (25 x 25 mm): 700 mm lang
- Rundholz (Ø 8 mm): 500 mm lang
- Rundholz (Ø 6 mm): 100 mm lang
- 2-8 kleine Bastler-Schraubzwingen
- 4 Senkschrauben (Ø 2,5 mm): 20–25 mm lang
- Holzleim
- Nägel
- Dachpappe

Anleitung

Fertigen Sie zuerst das Dach an. Dazu machen Sie sich von Teil 6 (auf dem Vorlagebogen in Originalgröße) eine Schablone aus Pappe, die Sie zweimal auf Holz übertragen und aussägen. Stellen Sie die Teile 6 in entsprechendem Abstand vor sich hin und nageln Sie von oben die Dachplatten (7) fest. Legen Sie das Dach beiseite. Sägen Sie nun die Seitenteile 2 und 3 aus. Achten Sie darauf, dass sie gleich lang sind. Bohren Sie nach den gegebenen Maßen die Löcher für die Absitzstangen (8) und den Ausschnitt. Bohren Sie an den Eckpunkten der Ausschnitte ebenfalls Löcher und sägen Sie dann die Ausschnitte aus. Bei Teil 3 bohren Sie nach den angegebenen Maßen noch senkrecht 2 Löcher mit 6 mm Durchmesser.

Bei dem Seitenteil 4, das zweimal angefertigt wird, verfahren Sie genauso. Achten Sie darauf, dass auch diese beiden Teile gleich lang werden. Halten Sie das Längenmaß genau ein, sonst stehen die Seitenteile auf der Grundplatte (1) seitlich über. Nageln

Sie nun aus Teil 2 und aus beiden Teilen 4 ein „U" zusammen. Wenn Sie genau gearbeitet haben, passt das „U" genau auf die Grundplatte (1). Nageln Sie das „U" von unten durch die Grundplatte (1) fest.

Wenn Sie jetzt von vorne das Teil 3 anstellen, haben Sie ein Viereck.
Bohren Sie durch die senkrechten 6-mm-Bohrungen in die Grundplatte (1) zwei Durchgangslöcher. Darein werden später die Stifte (9) geleimt. Die beiden 6-mm-Bohrungen in Teil 3 bohren Sie mit einem 7-mm-Bohrer größer. Dadurch lässt sich die Reinigungsleiste (3) leichter abnehmen und wieder aufsetzen.

Fertigen Sie die Vierkantleisten (5) an. Zeichnen Sie die Schrägen an und sägen Sie sie an der Linie ab. Achten Sie auch hier darauf, dass alle Leisten gleich lang sind. Leimen Sie die Pfosten (5) an den Seitenteilen fest. Verwenden Sie zum Spannen Bastlerschraubzwingen. Durch den Boden (1) können Sie die Pfosten auch noch mit einer Schraube sichern. Leimen Sie die Absitzstangen (8) in die bereits gebohrten Löcher der Seitenteile. Es kann sein, dass das 8-mm-Buchenrundholz sehr schwer in die Bohrung geht. Schleifen Sie die Rundhölzer am Ende etwas dünner, sodass sie leicht hineingehen. So hält auch der in die Bohrung gegebene Leim besser. Lassen Sie das Ganze einen Tag stehen, damit der Leim abbinden kann.

Legen Sie das Dach umgekehrt vor sich hin und stellen Sie den fertigen Unterbau umgekehrt in das Dach. Mitteln Sie nach Augenmaß aus und zeichnen Sie die Umrisse der Pfosten am Dach an.

Ungefähr in der Mitte der angezeichneten Vierecke bohren Sie, entsprechend des Schraubendurchmessers, je ein Loch. Drehen Sie das Dach wieder um und bringen Sie an den Löchern noch eine Senkung an. Schrauben Sie das Dach auf den Pfosten mit Senkschrauben fest.

Belegen Sie anschließend das Dach mit Teerpappe, damit es wetterfest wird. Wenn Sie möchten, können Sie es zusätzlich mit Rindenstücken bekleben.

3. Fensterfutterhaus

Das Fensterfutterhaus hat keine Rückwand. Sie können durch Ihr Fenster direkt hineinsehen, denn es wird mit Querleisten am Fensterrahmen befestigt.
Wie alle offenen Futterhäuser muss auch dieses jeden Tag gereinigt werden. Wenn die Vögel mit ihrem Kot das Futter verschmutzen, besteht Seuchengefahr durch Salmonellen. Legen Sie deshalb unter das ausgestreute Futter ein Stück Zeitungspapier. So können Sie die Zeitung, samt dem verschmutzten Futter, bequem entfernen.

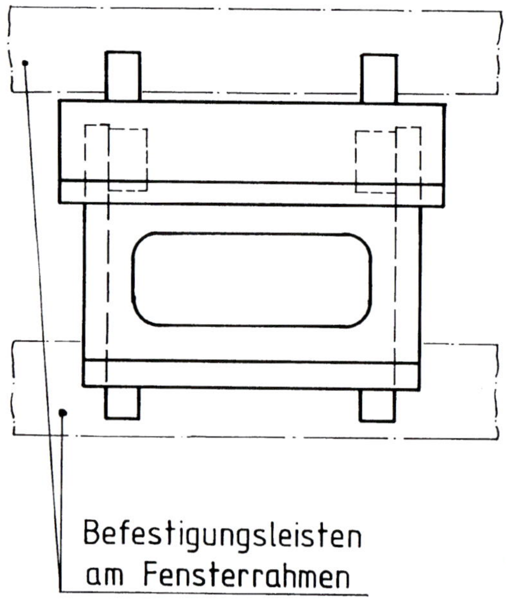

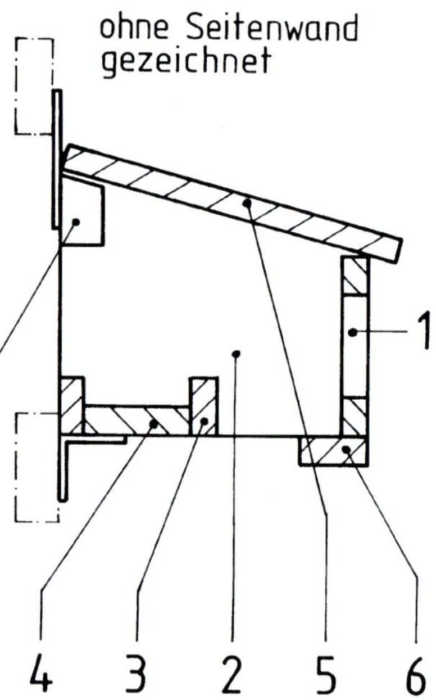

Material

- Holz (12 mm): 280 x 1050 mm
- Vierkantleiste (20 x 20 mm): 100 mm lang
- 4 Stahlwinkel (2 mm): 40 mm Kantenlänge
- Nägel
- Dachpappe

Anleitung

Übertragen Sie vom Vorlagebogen das Teil 1 auf eine Pappschablone. Zeichnen Sie das Teil auf das vorbereitete Holz und sägen Sie es aus.
Die Teile 3 (2x) und 4 müssen unbedingt gleich lang sein, weil sie zwischen die Seitenwände (2) genagelt werden. Fügen Sie die Teile 3 und 4 vorher schon zusammen.
Wenn Sie beide Seitenteile (2) ausgesägt haben, nageln Sie die abgeschrägten Vierkantleisten (7) daran fest. An ihnen werden später die Haltewinkel angeschraubt.

Nageln Sie jetzt die Frontplatte (1) von vorne, mit der Unterkante bündig, auf den Seitenteilen (2) fest. Danach bringen Sie die Futterleiste (3, 4) zwischen den Seitenteilen (2) an. Achten Sie darauf, dass die Leiste nicht nach hinten über die Seitenwände (2) hinausragt. Von unten nageln Sie die Verstärkungsleiste (6) an. Als letztes befestigen Sie das Dach (5) von oben, seitlich gleichmäßig überstehend, auf den Seitenwänden (2). Achten Sie auch hier darauf, dass die hintere Dachkante nicht über die Seitenwände hinausragt.

Zur Befestigung des Futterhauses an den Querleisten vor dem Fenster verwenden Sie 4 verzinkte Stahlwinkel.

2 Winkel befestigen Sie von unten an der Futterleiste (3, 4).
Die anderen 2 Winkel habe ich gerade gebogen und von hinten an die abgeschrägten Vierkantleisten (7) geschraubt.

Wenn das Futterhaus nicht an einer wind- und wettergeschützten Stelle angebracht werden kann, müssen Sie das Dach mit Teerpappe verkleiden. Wenn Sie mehrere Streifen überlappend aneinander legen, sieht das sehr schön aus.

Um Vögel und Futter vor Wind und Regen zu schützen, können Sie den Ausschnitt von Teil 1 mit einer stärkeren, durchsichtigen Plastikfolie verschließen. Der Anflug der Vögel erfolgt dann von unten. In wettergeschützten Lagen benötigen Sie keine Plastikfolie.

4. Futtersilo mit abnehmbarem Dach

Das einfache Futtersilo eignet sich sowohl für den Balkon als auch für den Garten. Im Garten können Sie es an 2 Drähten an einem Ast oder mit einem Draht an einem Pfahl befestigen. Sie können es aber auch einfach auf eine feste Unterlage stellen.

Das Futter wird bei abgenommenem Dach von oben in das Silo eingefüllt. Durch die schrägen Teile (6, 7) rutscht es durch bis zum Boden (3). Dort wird es von den Vögeln aufgenommen und fällt immer wieder nach. Je nachdem wie groß die Futterkerne sind, können Sie die Schlitzbreite durch die Langlöcher in Teil 10 verändern. Die kleine Querleiste (4) verhindert, dass das Futter vorne herausfällt.

Manche Vögel sind Feinschmecker. Sie suchen aus dem Körnergemisch nur eine bestimmte Körnersorte heraus. Dadurch fällt viel Futter zu Boden. Sie können dieses verhindern, indem Sie mehrere Silos dicht beieinander aufstellen und nur mit einer bestimmten Körnersorte füllen.

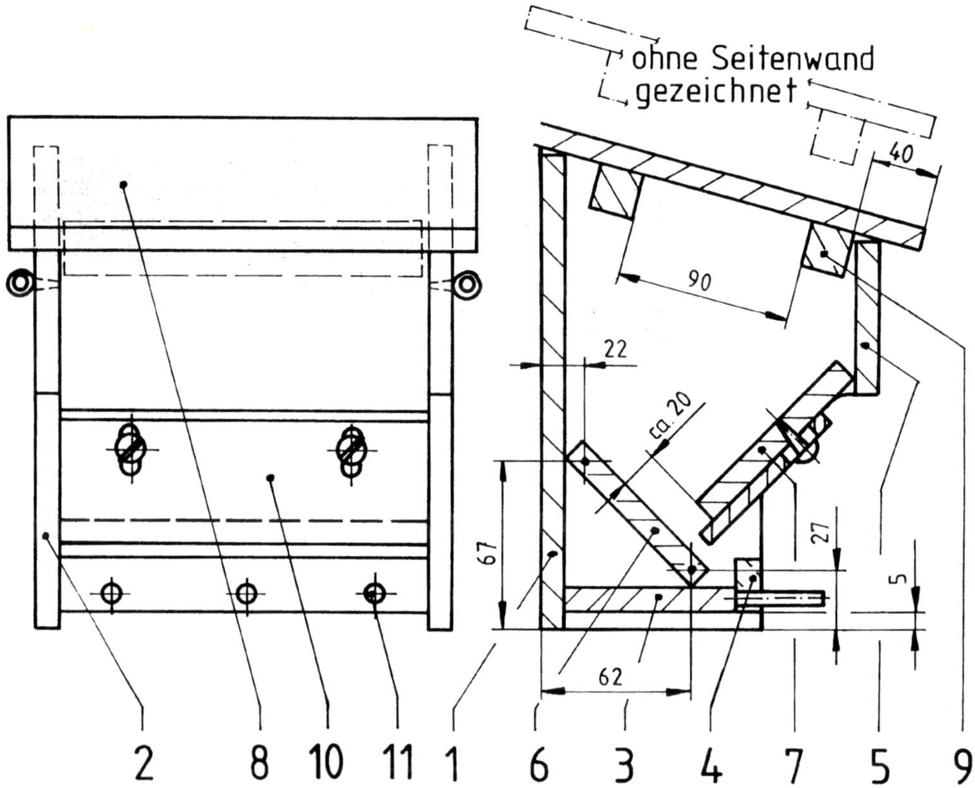

Absender

Name

Vorname

Straße/Nr.

PLZ/Ort

Telefon Vorwahl/Rufnummer

E-mail

Bitte
ausreichend
frankieren

Antwort

ENGLISCH VERLAG

The Creative Company

Englisch Verlag GmbH
Postfach 2309

D-65013 Wiesbaden

Liebe Leserin, lieber Leser,

wünschen Sie weitere Informationen?

☒ **Wir senden Ihnen gerne kostenlos unser aktuelles Gesamtverzeichnis zu, wenn Sie uns diese Antwortkarte mit Ihrer Adresse zurückschicken.**

Für uns vom Englisch Verlag stehen Ihre Interessen an erster Stelle, und um noch besser auf Ihre Wünsche einzugehen, möchten wir Sie um Ihre Mithilfe bitten.
Auch wenn Sie nicht alle Fragen beantworten, können Sie die Antwortkarte abschicken.

Meine Hobbies und Interessengebiete sind:	☐ Basteln u. Werken	☐ Papier	☐ Textiles Gestalten	☐ Malen u. Zeichnen
	☐ Holz	☐ Kinderbeschäftigung	☐ Dekorieren u. Feiern	☐ Kunsthandwerk

Sonstiges: ______________________________

Ist dies Ihr erstes Buch aus unserem Programm? ☐ ja ☐ nein

Wie hat Ihnen dieses Buch gefallen? ☐ sehr gut ☐ gut ☐ weniger gut ☐ gar nicht

Haben Sie bereits einen Internetanschluß? ☐ ja ☐ nein Waren Sie schon auf unserer Homepage? ☐ ja ☐ nein

Mein Alter: ☐ unter 20 ☐ 20 bis 30 ☐ 30 bis 40 ☐ 40 bis 50 ☐ über 50

Ich habe Kinder. ☐ ja ☐ nein

747/2

Der Englisch Verlag informiert

Mit jährlich rund **100 Neuerscheinungen** und ca. **300 lieferbaren Titeln** ist der Englisch Verlag einer der führenden Sachbuchverlage in den Themenbereichen Hobby & Basteln.

Wir bieten unseren Lesern neben Fachinformationen und praxisnahem Rat vor allem eines: **Anregungen und Motivideen zu allen denkbaren Hobbythemen,** und so können Sie sich auch zukünftig auf ein innovatives und **abwechslungsreiches Kreativprogramm** freuen.

Ganz gleich also, ob Sie sich für einen aktuellen Trend oder ein klassisches Hobbythema interessieren - **es lohnt sich, unser Verlagsprogramm kennenzulernen.**

kreativ – Basteln und Werken, Papier, Textiles Gestalten, Dekorieren und Feiern, Frühjahr und Ostern, Advent und Weihnachten

kreativ – Kinderbeschäftigung

kreativ – Malen und Zeichnen

kreativ – Kunsthandwerk

Der Englisch Verlag im Internet

Kennen Sie schon unsere Homepage? Hier finden Sie alle Informationen rund um unser Verlagsprogramm – immer topaktuell. Und Ihren Wunschtitel finden Sie hier auch.

Stöbern Sie unverbindlich durch unsere Seiten, informieren sich über Neuerscheinungen oder finden das Kreativ-Buch, das Sie schon lange gesucht haben! Oder schicken Sie uns Anregungen oder Wünsche einfach per E-mail.

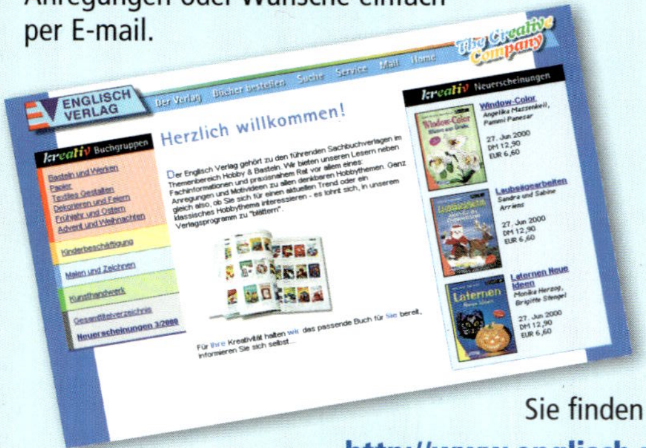

Sie finden uns unter:

http://www.englisch-verlag.de

ENGLISCH VERLAG

The Creative Company

Englisch Verlag GmbH
Töpferstraße 14
D-65191 Wiesbaden
Tel. 0611 - 9 42 72-0
Fax 0611 - 9 42 72-30
E-mail: info@englisch-verlag.de
Internet http://www.englisch-verlag.de

Natürlich können Sie uns auch wie immer per Telefon oder Fax erreichen.

Unser Verlagsteam freut sich über jede Anregung oder Kritik.

Material

- Holz (12 mm): 250 x 1300 mm
- Holz (8 mm): 70 x 158 mm
- Vierkantleiste (20 x 20): 350 mm lang
- Rundholz (Ø 8 mm): 170 mm lang
- 2 Holzschrauben
- 2 Unterlegscheiben
- 4 Ringschrauben
- Dachpappe
- Nägel
- kleine Flachfeile

Anleitung

Vom Vorlagebogen übertragen Sie das Teil 2 auf eine Pappschablone. Sägen Sie das Teil zweimal aus Holz aus. Die Teile 1, 3, 4, 5, 6 und 7 müssen alle gleich breit sein, weil sie zwischen die Seitenwände (2) genagelt werden. Zeichnen Sie sich die Teile als Streifen an und schneiden Sie das Breitenmaß mit einem Schnitt. Danach wird die Länge geschnitten. Die Teile 3 und 4 nageln Sie schon vor dem Einbau zusammen.

Nageln Sie zuerst von außen durch eine Seitenwand (2) die Rückwand (1) fest. Dann befestigen Sie die zusammengefügten Teile 3 und 4 ca. 5 mm oberhalb der Unterkante der Seitenwände, damit das Silo, falls Sie es aufstellen möchten, eben steht. Befestigen Sie jetzt Teil 5. Halten Sie diese Reihenfolge beim Zusammenbau unbedingt ein. Sie bekommen sonst Schwierigkeiten beim Einbau der Teile 6 und 7.

Der Einbau von Teil 6 ist etwas schwierig. Schlagen Sie durch eine Seitenwand (2) nach den angegebenen Maßen zwei Nägel so ein, dass die Nagelspitzen innen leicht vorstehen. Nun können Sie Teil 6 genau im 45°-Winkel schräg gegen Rückwand (1) und Boden (3, 4) drücken. Schlagen Sie die Nägel ganz ein. Beim Teil 7 können Sie sich nach der Schräge von Teil 2 richten. Befestigen Sie die zweite Seitenwand (2) zuerst an der Rückwand (1) und dann an der Vorderwand (5). Dann nageln Sie den Boden (3, 4) 5 mm oberhalb der Seiten- und Rückwandkante fest.
In Teil 4 bohren Sie vorher nach den Maßangaben die Löcher für die Absitzstangen. Die Stangen lassen Sie vorläufig noch weg. Leimen Sie sie erst ganz zum Schluss ein.
Zeichnen Sie sich die Lage der Nägel für Teil 6 wieder an. Dann drücken Sie Teil 6 so in die Ecke, dass es an der Rückwand (1) und am Boden (3, 4) anliegt. Bei Teil 7 richten Sie sich wieder nach der geraden Kante von Teil 2.
Fertigen Sie Teil 10 mit den 2 Langlöchern. Bohren Sie die Löcher, entsprechend dem Durchmesser Ihrer Schrauben (0,5 mm größer), dicht nebeneinander. Wenn kleine Stege stehen bleiben, entfernen Sie diese mit einer kleinen Flachfeile.
Legen Sie Teil 10 auf das schräg eingenagelte Teil 7. Bestimmen Sie, welche Schlitzbreite Sie als Futterdurchlass haben möchten und bohren Sie in der Mitte der Langlöcher die Bohrungen in Teil 7 für die Schrauben vor. Dann wird Teil 10 festgeschraubt.

Auf die Unterseite des Daches (8) nageln Sie zwei Vierkantleisten (9), die so lang sind, dass sie mit etwas Spiel zwischen die Seitenwände (2) passen. Die vordere Leiste verhindert, dass das Dach (8) nach vorne wegrutscht.

Verkleiden Sie das Dach mit Teerpappe. Drehen Sie rechts und links in die Seitenwände noch je 2 Ringschrauben ein.

5. Futtersilo mit klappbarem Dach

Dies ist das schönste, aber auch aufwendigste Futterhaus, das ich Ihnen in diesem Buch vorstelle. Bei weggeklapptem Dach wird das Futter hinter die Glasscheiben (9) gefüllt. Durch die Abstandsklötzchen (2) entsteht zum Boden (1) ein Spalt. Dadurch fällt das Futter bis hinter die Leiste (4). Durch die Glasscheibe (9) können Sie ohne das Silo zu öffnen, sehen, wann Futter nachgefüllt werden muss. Das Silo kann auf einem Pfahl oder ähnlichem befestigt und frei im Garten aufgestellt werden.

Material

- Holz (12 mm): 240 x 2450 mm
- Holz (8 mm): 240 x 650 mm
- Vierkantleiste (10 x 10): 900 mm lang
- 2 Glasscheiben (3-4 mm): 140 x 250 mm
- 2 Scharniere oder Klavierband
- 1 Ringschraube
- Nägel
- Dachpappe

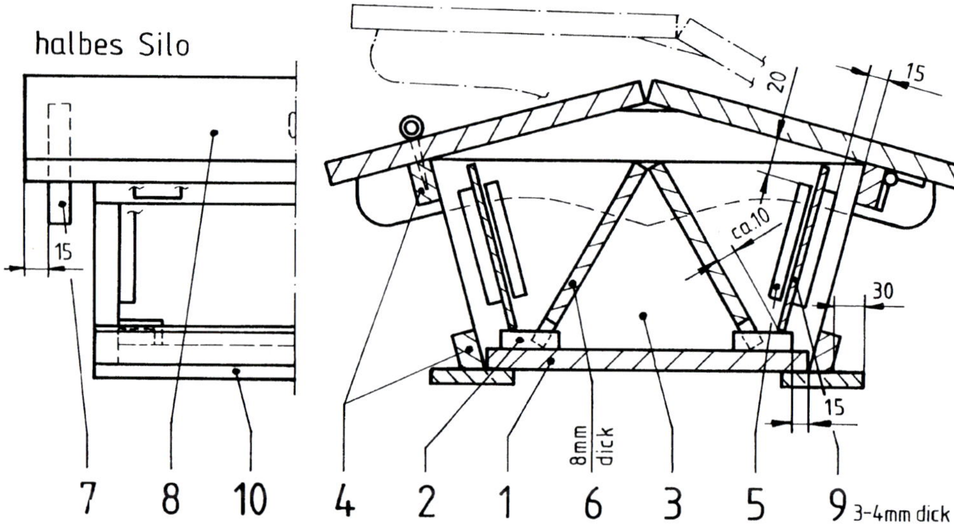

Anleitung

Nageln Sie zuerst auf dem Boden (1) die vier Distanzklötzchen (2) fest und legen Sie das Teil beiseite.

Dann befestigen Sie an den Seitenwänden (3) die Halteleisten (5) für die Glasscheiben (9) mit 5-6 mm Abstand. Bringen Sie die Seitenwände (3) seitlich am Boden (1) an. Nageln Sie anschließend die Verbindungsleisten (4) oben und unten fest.

Die unteren Verbindungsleisten (4) schleifen Sie auf die gleiche Ebene wie den Boden. (Die Leisten sind jetzt an der Unterkante leicht schräg.) Nageln Sie von unten beide Absitzbrettchen (10) fest. Die Gelegenheit zum Absitzen ist bewusst schmal gehalten, sodass möglichst wenig Futter darauf liegenbleibt und nicht durch Vogelkot beschmutzt wird.

Beginnen Sie nun mit dem Einpassen der Futterrutschbretter (6). Dieses ist nicht ganz einfach, Sie müssen wahrscheinlich mehrfach nacharbeiten. Wenn sie passen, genügt es als Befestigung, einen Nagel im oberen Bereich durch die Seitenwand (3) zu schlagen. Stellen Sie das Ganze jetzt zur Seite und beginnen Sie mit dem Dach.

Von Ihrem Vorlagebogen machen Sie sich eine Kartonschablone von Teil (7). Übertragen Sie das Teil zweimal auf Ihr Holz. Stellen Sie die Teile 7 im entsprechenden Abstand vor sich auf und nageln von oben die beiden Dachflächen (8) auf.

An einer der oberen Verbindungsleisten (4) schrauben Sie zwei Scharniere oder ein Klavierband fest. Dann legen Sie das Dach umgedreht vor sich hin und darauf das umgedrehte fertige Silo. Jetzt können Sie bequem die Scharniere oder das Klavierband am Dach befestigen. Das Dach wird dann mit Dachpappe verkleidet. Wenn Sie Dachpappestücke wellenförmig zuschneiden und übereinanderlegen, sieht es besonders dekorativ aus.

Besorgen Sie sich bei einem Schreiner oder Glaser zwei Glasscheiben. Nach dem Schneiden müssen die Kanten etwas rund geschliffen werden. Die Vögel könnten sich sonst bei der Futteraufnahme an der scharfen unteren Glaskante verletzen. Auch lassen sich die Scheiben leichter einlegen, wenn die Kanten entgratet sind.

Normalerweise bleibt das Dach durch sein Eigengewicht auf dem Futtersilo liegen. Wenn Sie Befürchtungen haben, dass es sich bei starkem Wind öffnet, sichern Sie es mit einer Ringschraube. Bohren Sie an entsprechender Stelle in das Dach ein Loch und drehen Sie die Ringschraube in die Verbindungsleiste (4) ein. Jetzt ist das Dach gegen Wind und Sturm gesichert.

Futterhäuser für Fettfuttergemisch

6. Meisenglocke

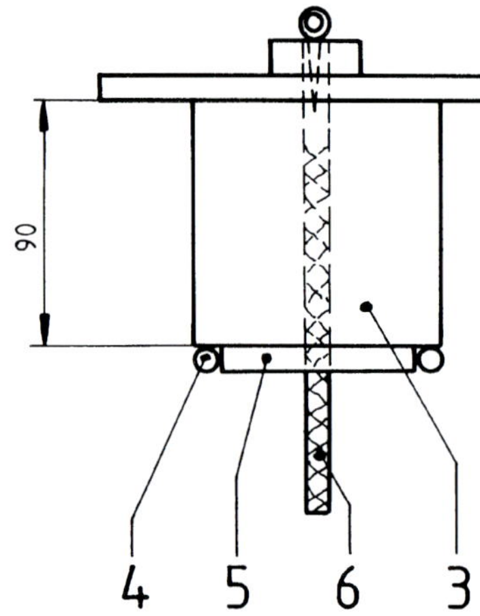

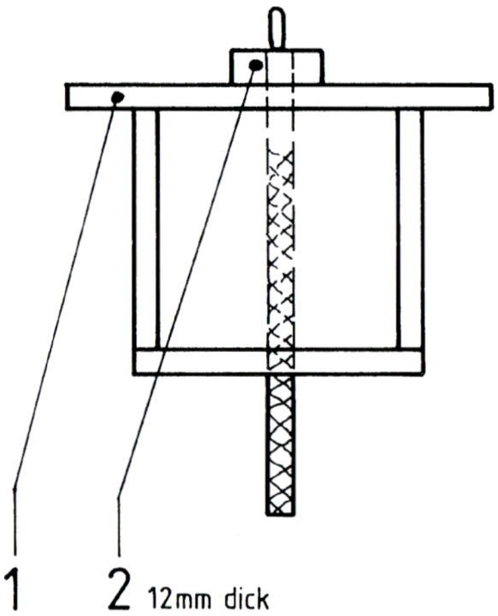

Diese Futterglocke für heimische Meisenarten wird mit Fettfuttergemisch, das Sie entweder kaufen oder auch selbermachen können (s. S. 9), gefüllt. Sie eignet sich eher für niedrigere Temperaturen, weil sich durch Sonneneinstrahlung das Fettfuttergemisch von den Wänden lösen und herausfallen kann.

Material

- Holz (8 mm): 190 x 450 mm
- Holz (12 mm): 40 x 40 mm
- Rundholz (Ø 8 mm): 620 mm lang
- Ringschraube
- Holzleim
- Nägel
- Dachpappe

Anleitung

Nageln Sie zuerst den viereckigen Futterbehälter aus den Teilen 3 zusammen. An der Unterseite werden Buchenrundholzstäbe (4, 5) angebracht. Daran können sich die Vögel bei der Futteraufnahme festklammern. Bohren Sie die Löcher für die Nägel vor, das Buchenholz könnte sonst splittern. Vom Dach (1) machen Sie sich mit Hilfe Ihres Vorlagebogens eine Pappschablone. Sägen Sie es einmal aus. Von oben nageln Sie mittig das Verstärkungsklötzchen (2) auf. Damit schaffen Sie eine größere Leimfläche für Teil 6. Bohren Sie durch beide Teile (1, 2) eine 8-mm-Bohrung.

Zeichnen Sie sich den Umriss des viereckigen Futterbehälters auf der Oberseite des Daches an. Wenn Sie das Dach nun zur Befestigung auf den Futterbehälter legen, sehen Sie diesen nicht mehr. An Hand des aufgezeichneten Vierecks auf der Oberseite lässt sich die richtige Position genau bestimmen.

Leimen Sie anschließend den mit der Säge aufgerauten Buchenrundstab (6) in das Dach ein. Er dient den Vögeln zum Festklammern, wenn die Futterglocke nicht mehr ganz voll ist.

Verkleiden Sie das Dach mit Teerpappe. Zuletzt drehen Sie noch eine Ringschraube für den Befestigungsdraht ein.

7. Futtergiebel

Der Futtergiebel ist, bei entsprechender Füllung, für alle Vogelarten geeignet. Er wird mit Fettfuttergemisch, das Sie entweder kaufen oder auch selbermachen können (s. S. 9), gefüllt. Allerdings eignet er sich eher für niedrigere Temperaturen, weil sich durch Sonneneinstrahlung das Fettfuttergemisch von den Wänden lösen und herausfallen kann.

Material

- Holz (12 mm): 112 x 1000 mm
- Vierkantleiste (20 x 20 mm): 296 mm lang
- Rundholz (Ø 12 mm): 550 mm lang
- 2 Ringschrauben
- Nägel
- Dachpappe
- Raspel, 20 mm breit

Anleitung

Nageln Sie an Teil 1, im Abstand der Brettstärke von Teil 2, Teil 3 an. Dann setzen Sie Teil 2 dagegen. Es wird durch Teil 1 und mit Teil 3 vernagelt.

Übertragen Sie von Ihrem Vorlagebogen Teil 4 auf ein Stück Karton. Von der Schablone übertragen Sie das Teil zweimal auf das Holz. Nageln Sie Teil 4 links und rechts am Giebel an.

Zeichnen Sie sich die spätere Lage der Buchenrundhölzer (5) an der Unterkante des Giebels an. Feilen Sie mit der Raspel eine kleine Fläche an. So hat das Rundholz einen besseren Halt. Nageln Sie die Rundhölzer (5) fest. Die Löcher für die Nägel bohren Sie vor, damit das Rundholz nicht reißt. Feilen Sie am First des Giebels eben-

halber Giebel

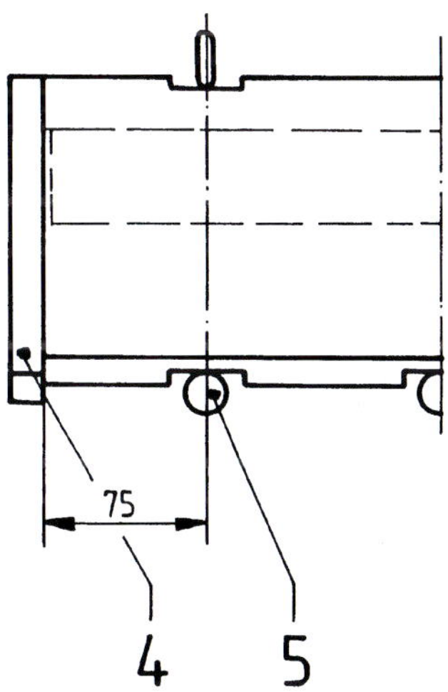

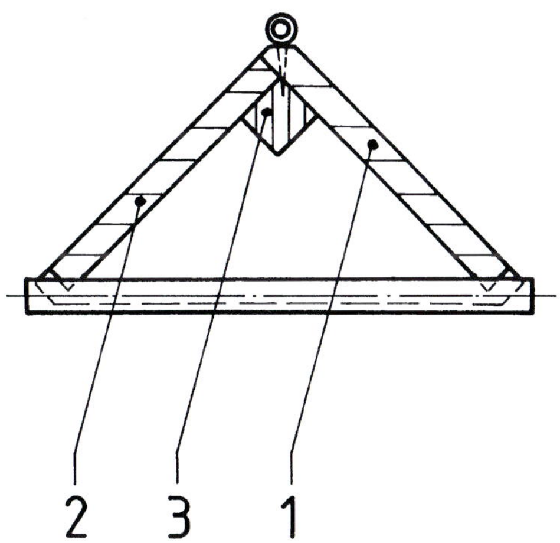

falls zwei kleine Flächen an, so lassen sich die Ringschrauben für den Befestigungsdraht besser eindrehen.

Bevor Sie aber die Ringschrauben anbringen, verkleiden Sie das Dach mit Teerpappe. Wenn Sie möchten, können Sie auf dem Dach noch Rinde festleimen.

8. Futterstamm

Der Futterstamm eignet sich besonders für Spechte. Die Bohrungen werden mit Fettfuttergemisch, das Sie entweder kaufen oder auch selbermachen können (s. S. 9), gefüllt.

Material
- Holz (8 mm): 100 x 1050 mm
- Rundholz (Ø 12-15 mm): 120 mm lang
- 4 Senkschrauben (Ø 4,5 mm): 60 mm lang
- 2 Ringschrauben
- Birkenstamm (Ø ca. 70 mm): 300 mm lang
- Nägel
- Forstnerbohrer (Ø 30 mm)
- Dachpappe

Anleitung

Mit Hilfe Ihres Vorlagebogens machen Sie sich eine Pappschablone von Teil 2. Übertragen Sie diese zweimal auf das Holz und sägen Sie sie aus.

Fertigen Sie nun die beiden Dachplatten (1) an. Bohren Sie nach den angegebenen Maßen die Durchgangslöcher und Senkungen für die Schrauben. Stellen Sie die Teile 2 mit entsprechendem Abstand vor sich hin und nageln Sie die Dachplatten (1) darauf fest.

Fertigen Sie aus dem Buchenrundholzstab vier gleichlange Stücke an. In Längsrichtung bohren Sie die Durch-

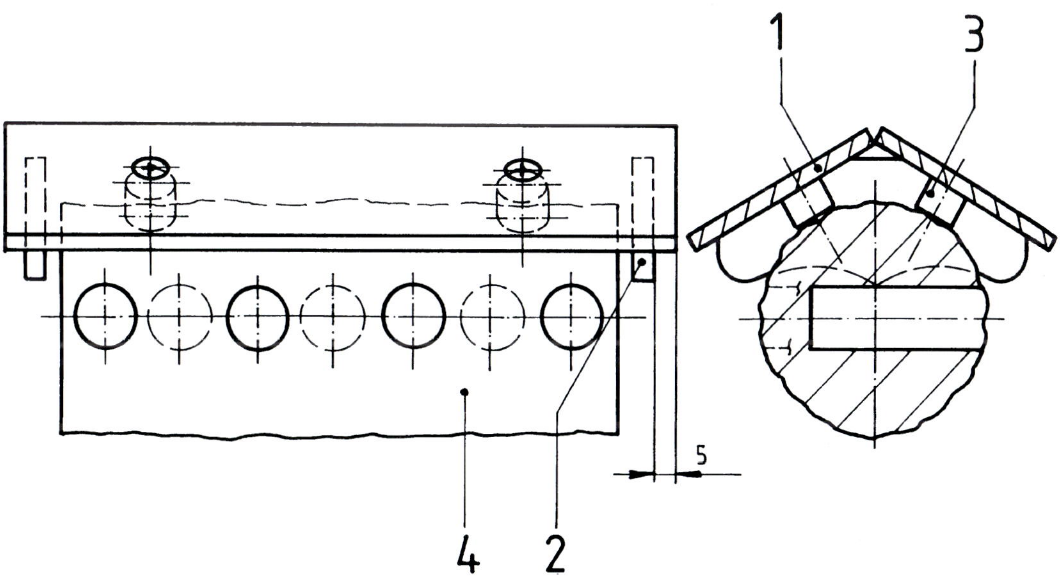

gangslöcher für die Schrauben. Das Ganze sieht nun wie ein Rohr aus. Bohren Sie die Löcher ca. 2 mm größer als der Schraubendurchmesser ist. So können sich die Teile 3 beim Festschrauben besser an die Unebenheiten des Stammes anpassen.

Ich habe einen Birkenstamm von ca. 70 mm Durchmesser gewählt. Sie können natürlich auch eine andere Holzart verwenden.

Bohren Sie von zwei Seiten, gegenseitig versetzt, Löcher von ca. 30 mm Durchmesser. Achten Sie darauf, dass Sie nicht zu tief bohren. Am besten verwenden Sie einen Forstnerbohrer.

Verkleiden Sie das Dach mit Teerpappe, damit es wasserdicht wird. Wenn Sie möchten, können Sie zur Dekoration noch Rindenstücke aufleimen. Zuletzt drehen Sie an beiden Seitenteilen (3) je eine Ringschraube ein. Sie dienen zur Befestigung des Aufhängedrahtes.

9. Futterdach

Das Futterdach ist an einem Baum hängend ein hübscher Anblick. Unter dem Dach können zwei Futterknödel aufgehängt werden. So ist das Futter vor Regen und Schnee geschützt. Das Dach besteht aus wenigen Teilen und ist ganz einfach zu bauen.

Material
- Holz (12 mm): 150 x 600 mm
- 6 Ringschrauben
- Nägel
- Dachpappe

Anleitung

Fertigen Sie sich mit Hilfe Ihres Vorlagebogens eine Pappschablone von Teil 1 an. Zeichnen Sie das Teil zweimal auf Holz und sägen Sie es aus. Das Teil 2 stellen Sie auch zweimal her.

Stellen Sie die beiden Seitenwände (1) im richtigen Abstand vor sich auf. Nageln Sie von oben die beiden Dachteile (2) auf. Drehen Sie von unten zwei Haken zum Aufhängen der Futterknödel ein.

Verkleiden Sie das Dach mit Teerpappe. Zuletzt bringen Sie noch vier Ringschrauben zur Befestigung der Aufhängedrähte an.

Wenn Sie möchten, können Sie das Dach noch mit Tannenzweigen decken.

Brettstärke: 12 mm

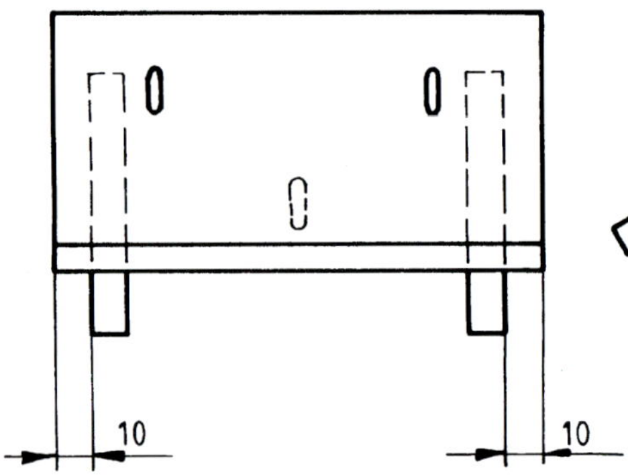

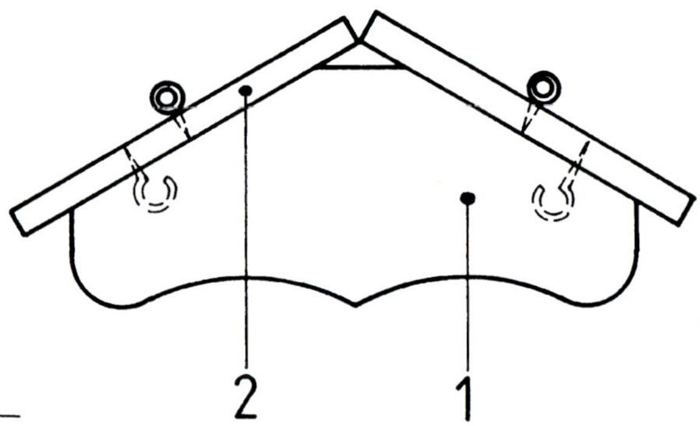

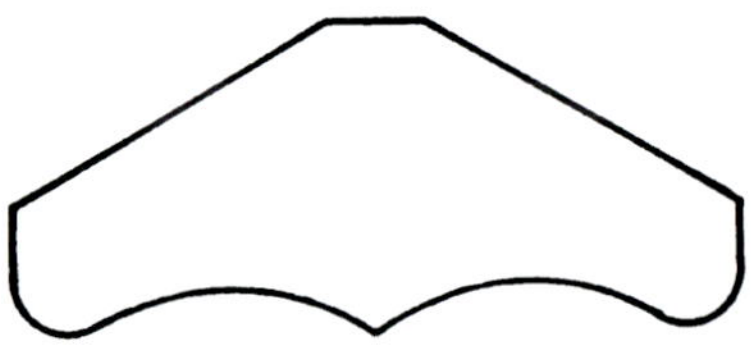

1 (2×) s. Vorl.-Bogen

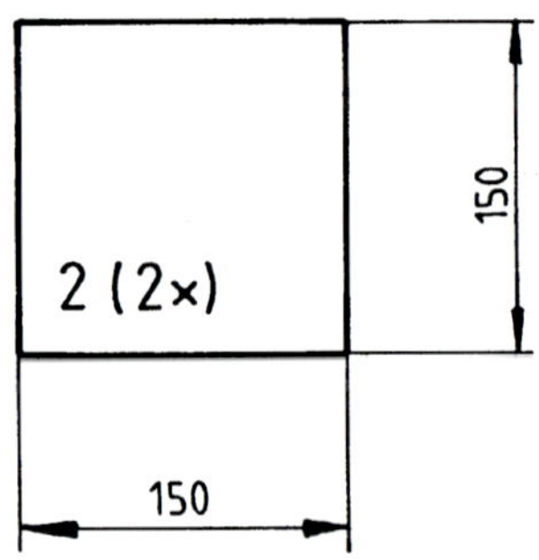

10. Futterrohr

Dieses Futterrohr eignet sich besonders für Spechte. Es wird mit übereinander gestapelten, selbst gefertigten oder gekauften Futterknödeln gefüllt. Die Knödel sollten den Innenraum in etwa ausfüllen.

Je nach Zusammensetzung des Futters ist das Futterrohr auch für andere Vogelarten geeignet.

Material

- Holz (12 mm): 120 x 1700 mm
- Vierkantleiste (20 x 20 mm): 95 mm lang
- Rundholz (Ø 12 mm): 1100 mm lang
- 2 Ringschrauben
- Nägel
- Dachpappe

Anleitung

Übertragen Sie vom Vorlagebogen Teil 1 auf eine Pappschablone. Zeichnen Sie das Teil zweimal auf das Holz und sägen Sie es aus. Der Innenausschnitt wird mit der Stichsäge, mit eingesetztem Kurvenblatt, ausgesägt. Dazu müssen Sie sich irgendwo im angezeichneten Ausschnitt ein 8-mm-Loch bohren, durch das Sie das Sägeblatt stecken können.

Nageln Sie nun die beiden Absitzleisten (4) in ca. 5 mm Abstand vom Ausschnitt an. Sie dienen den Vögeln bei der Futteraufnahme als Halt.

Nageln Sie Teil 2 bündig mit Außen- und Unterkante durch Teil 1 an. Anschließend wird das zweite Teil 2 befestigt. Jetzt haben Sie ein viereckiges Rohr. Den Boden (3) befestigen Sie nun an den Frontseiten (1). Zu den Seitenteilen (2) muss er links und rechts einen Spalt von ca. 5 mm haben. Der Spalt dient dazu, dass eventuell eingelaufenes Wasser wieder ablaufen kann.

Fertigen Sie nun das Dach an. Als Erstes nageln Sie die Vierkantleiste (7), um Materialstärke versetzt, mittig auf Teil 5. Die Leiste dienst dazu, dass das Dach nicht verrutschen kann. Anschließend nageln Sie Teil 6 an die Teile 5 und 7.

Verkleiden Sie das Dach mit Teerpappe. In die Seitenwände (2) drehen Sie rechts und links je eine Ringschraube zur Befestigung des Aufhängedrahtes.

Wenn Sie den Draht etwas über die Dachkanten biegen, ist das Dach gleichzeitig gegen Herunterfallen gesichert. Wenn Sie das Futterrohr nachfüllen, ist der Draht schnell weggebogen.

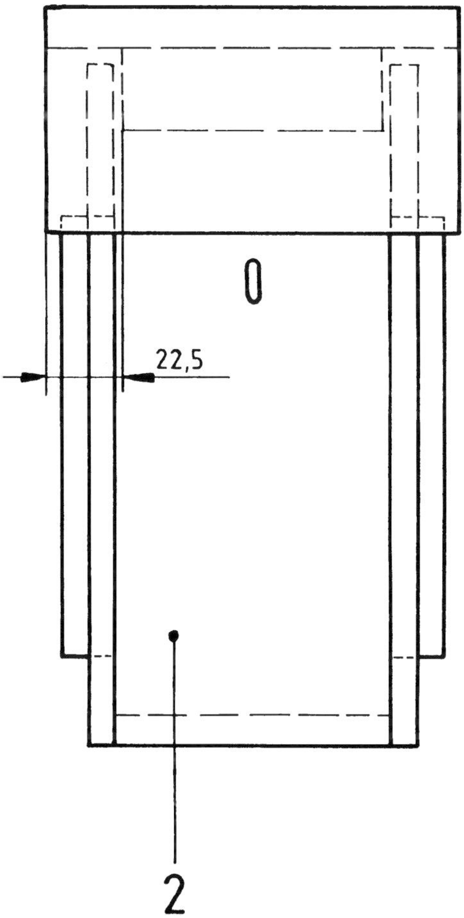

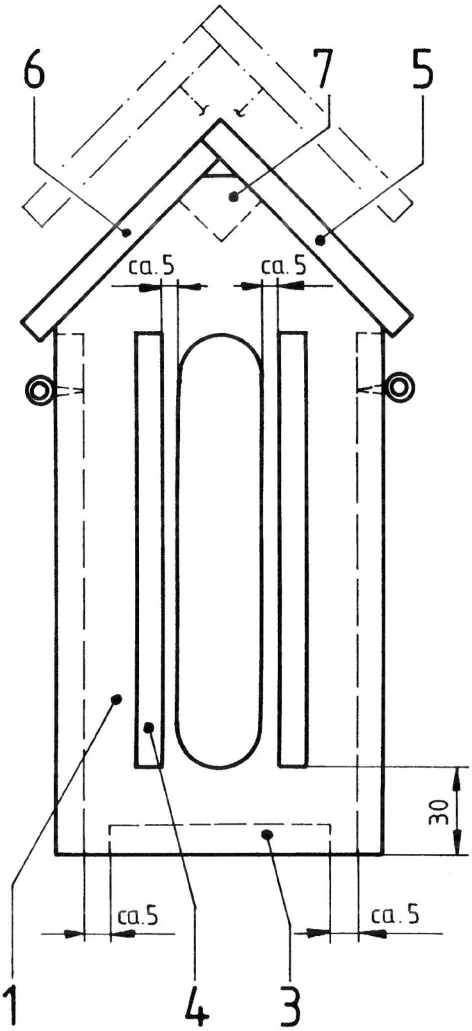

Sollten Sie weitere Informationen wünschen, wenden Sie sich an ein BUND-Naturschutzzentrum oder an den Naturschutzbund Deutschland (NABU).

Adressen und Telefonnummern dieser Einrichtungen finden Sie im Telefonbuch.

ENGLISCH VERLAG

kreativ

ISBN 3-8241-1048-2
Broschur, 32 S., 2 Vorlageb.

ISBN 3-8241-0882-8
Broschur, 32 S., Vorlageb.

ISBN 3-8241-0717-1
Broschur, 32 S., 2 Vorlageb.

ISBN 3-8241-0933-6
Broschur, 32 S., 2 Vorlageb.

ISBN 3-8241-1040-7
Broschur, 32 S., 2 Vorlageb.

ISBN 3-8241-0941-7
Broschur, 32 S., 2 Vorlageb.

Lust auf Mehr?

Liebe Leserin, lieber Leser,
natürlich haben wir noch viele andere Bücher im Programm.
Gerne senden wir Ihnen unser Gesamtverzeichnis zu.
Auch auf Ihre Anregungen und Vorschläge sind wir gespannt.
Rufen Sie uns einfach an oder schreiben Sie uns.

Englisch Verlag GmbH
Postfach 2309 · 65013 Wiesbaden
Telefon 0611/9 42 72-0 · Telefax 0611/9 42 72 30
E-Mail info@englisch-verlag.de
Internet http://www.englisch-verlag.de